·元气满满下午茶系列·

LES GLACES QUI RAFRAÎCHISSENT ET QU'ON ADORE

手作冰淇淋

[法]克里斯托弗·菲尔德 著

蒯佳 胡祎瑄 译

中国轻工业出版社

图书在版编目（CIP）数据

手作冰淇淋 /（法）克里斯托弗·菲尔德著；蒯佳，胡祎瑄译. — 北京：中国轻工业出版社，2021.5
（元气满满下午茶系列）
ISBN 978-7-5184-3434-3

Ⅰ. ①手… Ⅱ. ①克… ②蒯… ③胡… Ⅲ. ①冰激凌－制作 Ⅳ. ① TS277

中国版本图书馆 CIP 数据核字（2021）第 049462 号

责任编辑：江　娟　靳雅帅
策划编辑：江　娟　靳雅帅　　责任终审：劳国强　　封面设计：奇文云海
版式设计：锋尚设计　　　　　责任校对：晋　洁　　责任监印：张　可

出版发行：中国轻工业出版社（北京东长安街6号，邮编：100740）
印　　刷：北京博海升彩色印刷有限公司
经　　销：各地新华书店
版　　次：2021年5月第1版第1次印刷
开　　本：720×1000　1/16　印张：11.25
字　　数：124千字
书　　号：ISBN 978-7-5184-3434-3　定价：68.00元
邮购电话：010-65241695
发行电话：010-85119835　传真：85113293
网　　址：http://www.chlip.com.cn
Email：club@chlip.com.cn
如发现图书残缺请与我社邮购联系调换
200775S1X101ZYW

手作冰淇淋

分享 66 款冰淇淋 + 13 款装饰甜品配方

前 言

一起来手作吧!

冰淇淋（同“冰激凌”）、雪芭（水果冰淇淋），冰淇淋甜点……这些词语顷刻之间便能让我们的味蕾倍感凉爽、尽享柔美丝滑。

冰淇淋经久不衰、变化无穷。自孩提时期以来，它便是不可替代的甜食，舍不得与人分享!

正如许多美味佳肴带给我的美好回忆一样，冰淇淋和我始终亲如家人。在我父母经营的面包糕点店里，冰淇淋和雪芭都是亲手现场制作的。从采摘水果开始便是如此。到了收获的季节，我们全家出动，一起去田里采摘草莓。在那漫漫长日里，我们时而工作，时而嬉闹，休息时便享受美味的野餐。夜晚回家后，每个人都精疲力竭，但我们为自己采摘的果实而倍感骄傲。红彤彤的草莓鲜艳欲滴，正如被阿尔萨斯春日的阳光晒得通红的脸颊。采摘完毕的第二天，草莓就会经过搅拌、过筛，被制成美味的果泥。在本书中，我将为大家奉上如何利用草莓果泥制作大名鼎鼎的草莓雪芭。蓝莓和覆盆子雪芭也可以如此制作。

对于阿尔萨斯人而言，采摘果实的行为是一种真正的文化传承，是对逐渐消亡的传统的一种延续。有些村民甚至直接把自己采摘的水果带到甜点店，这种现象并不罕见，在我们开的姆特兹格（Mutzig）甜点店就会遇到。

做冰淇淋与做蛋糕一样，材料的品质至关重要。美味的雪芭需要以品质上乘的水果为基础。要做可口的冰淇淋，优质的牛奶、奶油和鸡蛋必不可少。

始终记得在做学徒时，我的师傅——法国斯特拉斯堡著名的冷饮商（利兹勒·沃格尔冷饮店 Maison Litzler-Vogel 的老板）在选择水果时极其严苛。在制作百香果雪芭或者猕猴桃雪芭时，还会加上一滴黄香李白兰地或者陈年李子白兰地。这个小小的“秘技”，这种阿尔萨斯式的微微润色，能够极大地升华甜品的味道！我们成功制作了一些绝佳的冰淇淋，无比兴奋地想要为大家一一呈现，就怕哪一环节出现失误而做不到尽善尽美。

不久之后，又在盖伊·萨沃伊（Guy Savoy）的厨房见识了这种对于极致的追求。在那里，自由畅快地制作杏仁鲜奶冰淇淋、薰衣草冰淇淋和柠檬冰淇淋，努力地搅拌制作，让冰淇淋质地变得浓稠滑腻，也就是说让它恰到好处地完美。

在意大利，罗马街头的人们随心所欲地享用冰淇淋（意大利语中的冰淇淋称为 il gelato）。人们骑着韦士柏踏板车，蜂拥至乔利蒂冷饮摊（Giolitti）。冷饮摊遍布大街小巷各个角落，商贩们欢快地唱着歌，人们手里拿着冰淇淋甜筒，在纳沃纳广场悠闲漫步。在阿尔萨斯地区，若要清爽可口地结束美味丰盛的节日大餐，冰淇淋夹心蛋糕是最受人喜爱的选择。

法国拥有诸多知名的冰淇淋制作大师，特别想提一下皮埃尔·佩隆（Pierre Paillon），他是法国最佳工艺师之一，是一位为这一行业贡献斐然的职业冷饮制作手艺人。通过阅读这本书，希望会激起您探寻奇妙的冰淇淋王国的兴致。清凉美味的冰淇淋和精致的雪芭让人垂涎欲滴，在任何时刻、任何场合，都能让我们沉浸、“消融”在快乐之中。

克里斯托弗·菲尔德（Christophe Felder）

目 录

冰淇淋（GLACES）

雪芭（SORBETS）

慕斯、冰杯和冰甜点（MOUSSES, COUPES ET DESSERTS GLACÉS）

装饰甜品（TOPPINGS）

冰淇淋
GLACES

（3/4 升）

咖啡冰淇淋

材料

- 40 克咖啡豆
- 500 毫升新鲜全脂牛奶
- 150 克细砂糖
- 10 克奶粉
- 5 个蛋黄
- 2 克雀巢® 咖啡粉
- 20 克无盐黄油

1. 将咖啡豆放入烤箱，以 140 ℃焙烤 10 分钟，并将咖啡豆粗略地打碎。
2. 将 250 毫升牛奶倒入平底锅中煮沸，加入碾碎的咖啡豆。盖上锅盖，浸泡 30 分钟。
3. 将剩余的牛奶倒入另一个锅里并加热。将 100 克糖与奶粉混合，并全部倒入平底锅中，加热到 45 ℃。
4. 将剩余的细砂糖（50 克）倒入蛋黄中，搅拌至发白后，全部倒入锅中，再加入之前准备的咖啡粉、加糖的牛奶、雀巢咖啡粉和黄油。将混合物加热至 82 ℃，然后过筛并搅拌均匀。
5. 放入冰箱至完全冷却，将制品放入冰淇淋机中制冷，然后保存在冰柜里。

建议

可以用咖啡味的马卡龙加以装饰。

（3/4 升）

80% 黑巧克力冰淇淋

材料

- 110 克可可含量为 80% 的圭那亚之心黑巧克力（法芙娜 Valrhona®）
- 500 毫升新鲜全脂牛奶
- 150 毫升液体奶油
- 20 克奶粉
- 120 克细砂糖

1. 用刀或搅拌器切碎巧克力。
2. 将牛奶和奶油倒入平底锅中，加热至 30 ℃，然后加入奶粉和细砂糖并搅拌均匀。
3. 将液体加热至 60 ℃，分几次浇在碎巧克力上，并不断搅拌。
4. 充分混合，搅拌均匀，直到液体质地丝滑。
5. 放入冰箱至完全冷却，将制品放入冰淇淋机中制冷，然后保存在冰柜里。

建议

可以用黑巧克力酱（166 页）或黑巧克力碎屑加以装饰。

小贴士

巧克力奶昔的制作方法：将 2 个巧克力冰淇淋球、200 毫升新鲜全脂冷牛奶和 30 毫升的巧克力酱（166 页）倒入搅拌器碗中，搅拌直至制品起泡，然后倒入大玻璃杯中。在表面淋上 15 毫升香缇奶油，轻轻撒上可可粉。即可用吸管享用。

（1升）

牛奶巧克力冰淇淋

材料

- 270 克 可可含量为 40% 的牛奶巧克力
- 800 毫升新鲜全脂牛奶
- 50 克奶粉
- 130 克细砂糖
- 45 毫升黑朗姆酒（可选）

1. 用刀或搅拌器切碎巧克力。
2. 将牛奶、奶粉、细砂糖倒入平底锅中煮沸。
3. 牛奶煮沸后，将 1/4 牛奶浇在碎巧克力上并搅拌。再倒 1/4 并再次搅拌，然后加入剩余牛奶，不断搅拌。最后加入朗姆酒。
4. 放入冰箱至完全冷却，将制品放入冰淇淋机中制冷，然后保存在冰柜里。

建议

可以用牛奶巧克力碎屑加以装饰。

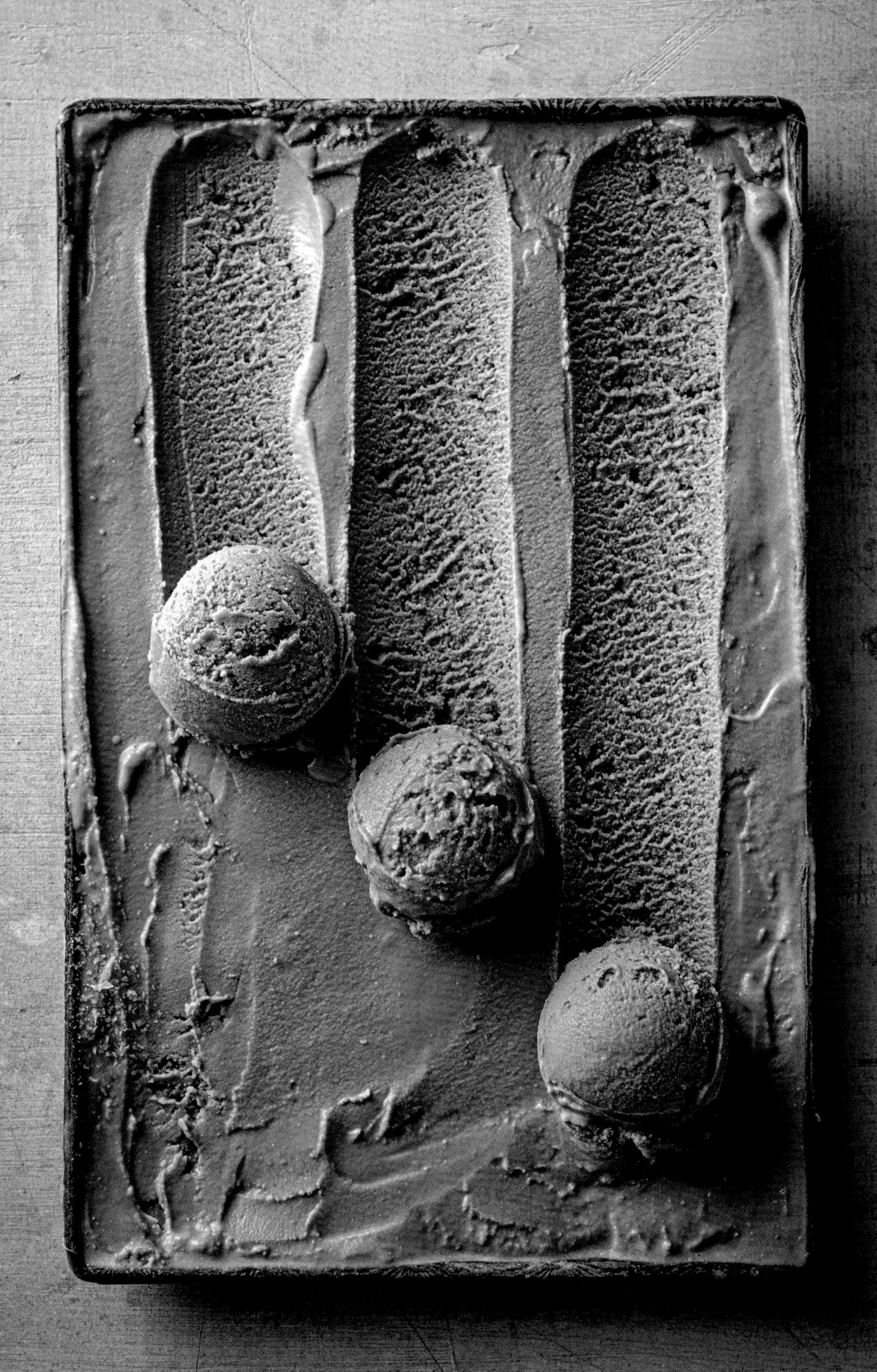

（1升）

榛子巧克力冰淇淋

材料

- 110克可可含量为70%的圭那亚黑巧克力（法芙娜Valrhona®）
- 500毫升新鲜全脂牛奶
- 100毫升液体奶油
- 20克奶粉
- 160克细砂糖
- 50克榛子酱

1. 用刀或搅拌器切碎巧克力。
2. 将牛奶和奶油倒入平底锅中，加热至30℃，然后加入奶粉和细砂糖并搅拌均匀。
3. 将食料加热至60℃，分几次浇在碎巧克力和榛子酱上，一边倒入液体，一边搅拌均匀。
4. 充分混合，搅拌均匀，直到成品质地丝滑。
5. 放入冰箱至完全冷却，将制品放入冰淇淋机中制冷，然后保存在冰柜里。

建议

可以用巧克力碎屑和榛子果仁糖碎屑加以装饰（154页）。

（1升）

香草白巧克力冰淇淋

材料

- 200克白巧克力
- 500毫升新鲜全脂牛奶
- 150毫升液体奶油
- 70克细砂糖
- 1个香草荚
- 7个蛋黄
- 用于装饰的榛子蛋白酥

1. 将白巧克力细细切碎后倒在沙拉碗中。
2. 将牛奶和奶油倒入平底锅中。沿着长边剥开香草荚，用刀尖刮擦香草荚的内部。将香草籽和香草荚放入牛奶中。加入一半细砂糖，将锅内的液体煮沸。
3. 将蛋黄和剩余的细砂糖打发至发白，一边倒入煮沸的牛奶，一边搅拌。将所有食材倒回到锅中加热几秒钟，并用木质的抹刀不断地搅拌（不能煮沸）。
4. 待奶油一变浓稠，立刻关火，将制品分几次倒在白巧克力上，并不断搅拌。
5. 搅拌奶油，使之光滑，搅拌均匀后筛滤。
6. 放入冰箱至完全冷却，将制品放入冰淇淋机中制冷，然后保存在冰柜里。
7. 用榛子蛋白酥碎块进行装饰。

（3/4 升）

天然开心果冰淇淋

材料

- 90 克新鲜的开心果
- 20 克白杏仁
- 250 毫升新鲜全脂牛奶
- 250 毫升液体奶油
- 110 克细砂糖
- 4 个蛋黄
- 少许樱桃白兰地（优质）
- 用于装饰的开心果果仁糖（154 页）

1. 将开心果和白杏仁放入烤箱，以 180℃的温度烤 15 分钟。
2. 将牛奶和液体奶油倒入平底锅中。加入一半细砂糖，待锅内液体沸腾后，加入所有干果。
3. 将蛋黄和剩余的细砂糖打发至发白，一边倒入煮沸的牛奶，一边搅拌。将所有食材倒回到锅中加热几秒，并用木质的抹刀不断地搅拌（不能煮沸）。
4. 待奶油一变浓稠，立刻关火，将制品倒入沙拉碗中，停止加热。加入少许樱桃白兰地。
5. 搅拌 1 分钟，搅拌奶油，使之质地光滑。
6. 放入冰箱至完全冷却，将制品放入冰淇淋机中制冷，然后保存在冰柜里。
7. 用开心果果仁糖进行装饰。

（3/4 升）

波本威士忌鸡蛋香草冰淇淋

材料

- 500 毫升新鲜全脂牛奶
- 1 个香草荚
- 25 克奶粉
- 125 克细砂糖
- 4 个蛋黄
- 20 克无盐黄油

1. 将牛奶倒入平底锅中。沿着长边剥开香草荚，用刀尖刮擦香草荚内部。将香草籽和香草荚放入牛奶中。加入奶粉和 50 克细砂糖，将锅内的液体煮沸。
2. 将蛋黄和剩余的细砂糖打发至发白，一边倒入煮沸的牛奶，一边搅拌。将所有食材倒回到锅中加热几秒，加入黄油，并用木质的抹刀不断地搅拌，直至混合物达到 82 ℃。
3. 立刻关火，将平底锅从炉灶上移开，将制品过筛倒入容器中，从而停止余热加热。
4. 搅拌奶油，使之质地光滑。
5. 放入冰箱至完全冷却，将制品放入冰淇淋机中制冷，然后保存在冰柜里。

（1升）

枫糖浆冰淇淋

材料

- 450克枫糖浆
- 500毫升新鲜全脂牛奶
- 140毫升液体奶油
- 7个蛋黄

1. 将枫糖浆倒入平底锅中，用中火煮沸，直到糖浆浓缩到190克（如果浓缩量有些过度，可以添加少许清水）。
2. 在另一个平底锅里稍微加热奶油和牛奶。
3. 将热奶油和牛奶倒在枫糖浆上，使得枫糖浆溶化。一边搅拌，一边将混合物倒在先前已经打散的蛋黄上。将所有制品倒回到平底锅中，加热数秒，并用木质的抹刀不断地搅拌，直至混合物达到82℃。
4. 立刻关火，将平底锅从炉灶上移开，将锅内制品倒入冷藏过的容器中，从而停止余热加热。
5. 过筛，搅拌奶油，使之质地光滑。
6. 放入冰淇淋机中制冷，然后保存在冰柜里。

（1升）

冰栗冰淇淋

材料

- 500毫升新鲜全脂牛奶
- 50毫升液体奶油
- 100克细砂糖
- 4个蛋黄
- 125克栗子酱
- 125克栗子味奶油

1. 将牛奶、奶油和一半细砂糖倒入平底锅中，加热至50℃。
2. 将蛋黄和剩余的细砂糖打发至发白，一边搅拌，一边倒入热牛奶。将所有混合物倒入平底锅中加热数秒，用木质的抹刀不断地搅拌，直至混合物达到82℃（不能煮沸）。
3. 将制品倒在栗子酱和栗子味奶油上，搅拌混合，并使之快速冷却。
4. 放入冰箱至完全冷却，将制品放入冰淇淋机中制冷，然后保存在冰柜里。

建议

可以用冰糖栗子或法式油酥饼干碎屑加以装饰（152页）。

（1升）

椰奶冰淇淋

材料

- 200毫升椰汁
- 300毫升新鲜全脂牛奶
- 200毫升液体奶油
- 140克细砂糖
- 70克椰蓉
- 5个蛋黄
- 10毫升马利宝®朗姆酒（Malibu®）

1. 将牛奶和液体奶油倒入平底锅中，加入一半细砂糖椰汁和椰蓉，加热至煮沸。
2. 将蛋黄和剩余的细砂糖打发至发白，一边搅拌，一边倒入煮沸的牛奶。将所有混合物倒回到锅中加热数秒，用木质的抹刀不断地搅拌，直至混合物达到82℃（不能煮沸）。
3. 立刻关火，将平底锅从炉灶上移开，将锅内制品倒入沙拉碗中。倒入马利宝朗姆酒并搅拌均匀。
4. 静置冷却后，放入冰淇淋机或制冰机中制冷，保存在冰柜里。

建议

可以用椰子壳或新鲜菠萝加以装饰。

若没有温度计，当用木质的勺子搅拌时，如果感觉到制品开始变得像卡仕达酱（英式奶油）一样浓稠，就表明奶油已经做好了。

（3/4升）

阿玛蕾娜樱桃冰淇淋

材料

- 500毫升新鲜全脂牛奶
- 25克奶粉
- 100克细砂糖
- 4个蛋黄
- 20克无盐黄油
- 120克阿玛蕾娜野樱桃
- 10毫升意大利苦杏酒（Amaretto）

1. 将牛奶倒入平底锅中，加入奶粉和一半细砂糖，加热至煮沸。
2. 将蛋黄和剩余的细砂糖打发至发白，一边搅拌，一边倒入煮沸的牛奶。将所有混合物倒入锅中，加入黄油，烧制数秒，用木质的抹刀不断地搅拌，直至混合物达到82℃。
3. 立刻关火，将平底锅从炉灶上移开，将制品过筛，倒入容器中，以便停止余温加热。
4. 搅拌奶油，使之质地光滑。加入阿玛蕾娜樱桃和苦杏酒。
5. 放入冰箱至完全冷却，将制品放入冰淇淋机中制冷，然后保存在冰柜里。

建议

可以用生杏仁和阿玛蕾娜樱桃加以装饰。

（1升）

盐之花焦糖冰淇淋

材料

- 310克细砂糖
- 150毫升液体奶油
- 700毫升新鲜全脂牛奶
- 7克盐之花
- 11个蛋黄

1. 将250克细砂糖倒入平底锅中，中火加热，直到细砂糖呈现焦糖色。
2. 在此期间，将奶油、牛奶和盐之花一起加热，将混合物倒在焦糖上，熬稀焦糖。
3. 将蛋黄和剩余的60克细砂糖打发至发白，一边搅拌，一边倒入煮沸的焦糖牛奶。将所有混合物倒回到锅中烧制数秒，用木质的抹刀不断地搅拌（不能煮沸）。
4. 待奶油一变浓稠，立刻关火，将平底锅从炉灶上移开，将制品倒入容器中，以便停止余温加热。
5. 搅拌奶油，使之质地光滑。
6. 放入冰箱至完全冷却，将制品放入冰淇淋机中制冷，然后保存在冰柜里。

建议

可以用花生果仁糖（154页）和咸黄油焦糖酱加以装饰。

（3/4 升）

蜂蜜冰淇淋

材料

- 500 毫升新鲜全脂牛奶
- 100 克冷杉树蜂蜜 + 用于装饰的蜂蜜
- 35 克赤砂糖
- 5 个蛋黄

1. 将牛奶倒入平底锅中煮沸，然后一边搅拌、一边加入蜂蜜。将混合物再次加热煮沸。
2. 将蛋黄和赤砂糖混合，轻轻搅拌。一边搅拌，一边倒入煮沸的牛奶。然后将所有的混合物倒入锅中加热数秒，用木质的抹刀不断地搅拌（不能煮沸）。
3. 待奶油一变浓稠，立刻关火，将平底锅从炉灶上移开，将制品倒入容器中，以便停止余温加热。
4. 搅拌 1 分钟，搅拌奶油，直至光滑。
5. 放入冰箱至完全冷却，将制品放入冰淇淋机中制冷，然后保存在冰柜里。
6. 用蜂蜜加以装饰。

建议

在享用此冰淇淋时，可以搭配蜂蜜玛德琳蛋糕（164 页）一同食用。

（1升）

巴黎车轮泡芙冰淇淋

材料

- 550毫升新鲜全脂牛奶
- 250毫升液体奶油
- 120克细砂糖
- 9个蛋黄
- 120克榛子果仁糖（154页）
- 用于装饰的糖粒奶油泡芙

1. 将牛奶倒入平底锅中，加入奶油和一半细砂糖，加热至50℃。
2. 将蛋黄和剩余的细砂糖快速打发5分钟左右，直到混合物轻微发白。然后一边搅拌，一边倒入加热过的牛奶。将所有混合物倒回到锅中，加热数秒，用木质的抹刀不断地搅拌，直至混合物达到82℃。
3. 立刻关火，将平底锅从炉灶上移开，将制品过筛倒入容器中，以便停止余温加热。
4. 搅拌奶油，使之质地光滑。加入榛子果仁糖，轻轻搅拌混合。
5. 放入冰箱至完全冷却，将制品放入冰淇淋机中制冷，然后保存在冰柜里。
6. 用糖粒奶油泡芙加以装饰。

建议

可以用烤杏仁片加以装饰。

（3/4 升）

巧克力脆片冰淇淋

材料

- 500 毫升新鲜全脂牛奶
- 140 毫升 35% 乳脂的液体奶油
- 125 克细砂糖
- 30 克脱脂奶粉
- 80 克含 70% 可可脂的考维曲[1]（couverture）巧克力

1. 准备一个容器，放入冰柜，用于后续盛放冰淇淋。
2. 将牛奶和奶油倒入平底锅中，大火加热。牛奶变热后，在混合物中加入细砂糖和奶粉。持续搅拌，直到混合物达到 82 ℃。
3. 用小孔漏网过滤，将混合液体倒入沙拉碗中。借助搅拌机将混合物搅拌均匀，然后将碗放在冷水中，使得奶油快速隔水降温。
4. 制品冷却后，再次搅拌，然后倒入冰淇淋机中，使其表面冰滑、纹理细腻、质地浓稠。
5. 隔水熔化巧克力。让冰淇淋机持续转动，同时慢慢倒入熔化了的巧克力。当巧克力接触到冰淇淋时，巧克力会凝固，形成酥脆的巧克力小碎块！
6. 拿出冰柜里的碗，将巧克力脆片冰淇淋倒入其中。

建议

可以用橙子软糖加以装饰。

1 考维曲（音译，意为涂层）巧克力是巧克力制造商和专业面包师使用的一种特殊形式的巧克力。这种巧克力比普通巧克力或食用巧克力更丰富，含更多奶油，可可脂含量非常高，是成型、涂层和浸渍的理想选择。

（3/4 升）

马鞭草冰淇淋

材料

- 250 毫升新鲜全脂牛奶
- 250 毫升液体奶油
- 80 克细砂糖
- 5 克干马鞭草
- 6 个蛋黄

1. 将牛奶和液体奶油倒入平底锅中，加入一半细砂糖，加热煮沸。接着加入马鞭草，浸泡 15 分钟后，用细筛网过滤。
2. 将蛋黄和剩余的细砂糖打发至发白，一边搅拌，一边倒入煮沸、浸泡过马鞭草的牛奶。将所有混合物倒回锅中加热数秒，用木质的抹刀不断地搅拌，直到混合物达到 82 ℃（不能煮沸）。
3. 立刻关火，将平底锅从炉灶上移开，将制品倒入容器中，以便停止余温加热。
4. 搅拌奶油，使之光滑，搅拌混合物后过滤。
5. 放入冰箱至完全冷却，将制品放入冰淇淋机中制冷，然后保存在冰柜里。

建议

可以用马鞭草叶，也可以用桃子片或醋栗加以装饰。

（1 升）

斯派库鲁斯焦糖饼干冰淇淋

材料

- 1 个香草荚
- 500 毫升新鲜全脂牛奶
- 150 毫升液体奶油
- 50 克奶粉
- 100 克赤砂糖
- 5 克肉桂粉
- 4 个蛋黄
- 65 克细砂糖
- 用于装饰的斯派库鲁斯（spéculoos）焦糖饼干碎（174 页）

1. 将牛奶倒入平底锅中。沿着长边剥开香草荚，用刀尖刮擦香草荚内部。将香草籽和香草荚放入牛奶中。
2. 加入奶油、奶粉、赤砂糖和肉桂粉，不断搅拌，将锅内液体煮沸。
3. 将蛋黄和细砂糖打发至发白，一边搅拌，一边倒入煮沸、浸泡过的牛奶。将所有混合物倒回到锅中加热数秒，用木质的抹刀不断地搅拌，直至混合物达到 82 ℃（不能煮沸）。
4. 立刻关火，将平底锅从炉灶上移开，将制品倒入容器中，以便停止余温加热。
5. 搅拌奶油，使之质地光滑，搅拌混合物后过滤。
6. 放入冰箱至完全冷却，将制品放入冰淇淋机中制冷，然后保存在冰柜里。
7. 用斯派库鲁斯焦糖饼干碎屑加以装饰。

（3/4 升）

青柠香蕉冰淇淋

材料

- 2 个大香蕉（220 克）
- 40 毫升青柠汁
- 有机青柠皮屑（1/2 个青柠）+ 用于装饰的青柠皮屑
- 330 毫升新鲜全脂牛奶
- 40 克奶粉
- 130 克细砂糖
- 2 个蛋黄
- 用于装饰的法式油酥饼干（152 页）

1. 将香蕉去皮，切成圆片，淋上青柠汁，再加入青柠皮屑，搅拌混合。冷藏备用。
2. 将牛奶倒入平底锅中，加入奶粉和一半细砂糖，将牛奶煮沸。
3. 将蛋黄和剩余细砂糖打发至发白，一边搅拌，一边倒入煮沸的牛奶。将所有混合物倒回锅中加热数秒，用木质的抹刀不断地搅拌，直至混合物达到 82 ℃（不能煮沸）。
4. 立刻关火，将平底锅从炉灶上移开，将制品倒在香蕉上。将混合物放入搅拌器中打碎。
5. 过筛倒出，搅拌奶油，使之质地光滑。
6. 放入冰箱至完全冷却，将制品放入冰淇淋机中制冷，然后保存在冰柜里。
7. 用法式油酥饼干块和青柠皮碎屑加以装饰。

（3/4 升）

香草千层酥冰淇淋

材料

- 1 个香草荚
- 500 毫升新鲜全脂牛奶
- 25 克奶粉
- 125 克细砂糖
- 4 个蛋黄
- 20 克无盐黄油
- 焦糖千层酥碎片 + 用于装饰的千层酥碎片

1. 将牛奶倒入平底锅中。沿着长边剥开香草荚，用刀尖刮擦香草荚内部。将香草籽和香草荚放入牛奶中。待牛奶煮沸后，加入奶粉和 50 克细砂糖。
2. 将蛋黄和剩余的细砂糖（75 克）打发至发白，一边搅拌，一边倒入煮沸的牛奶。将所有混合物倒回到锅中加热数秒，加入黄油，用木质的抹刀不断地搅拌，直至混合物达到 82 ℃（不能煮沸）。
3. 立刻关火，将平底锅从炉灶上移开，将制品过筛，倒入容器中，以便停止余温加热。
4. 搅拌奶油，使之质地光滑。
5. 放入冰箱至完全冷却，然后放入冰淇淋机中制冷，加入千层酥碎片，保存在冰柜里。
6. 用焦糖千层酥碎片加以装饰。

建议

为了获得焦糖千层酥碎片，可以将千层酥面饼切成几块，放入烤箱中层，180 ℃烤 30 分钟。再撒上糖粉，烤箱 220 ℃烤几分钟使糖上色。

（3/4 升）

水果蛋糕冰淇淋

材料

- 200 克糖渍水果蛋糕
- 1 个香草荚
- 500 毫升新鲜全脂牛奶
- 25 克奶粉
- 125 克细砂糖
- 4 个蛋黄
- 20 克无盐黄油
- 有机橙子皮碎屑（1/2 个橙子）
- 有机柠檬皮碎屑（1/2 个柠檬）
- 1 个刀尖左右的新鲜生姜细屑

1. 将牛奶倒入平底锅中。沿着长边剥开香草荚，用刀尖刮擦香草荚内部。将香草籽和香草荚放入牛奶中。待牛奶煮沸后，加入奶粉和 50 克细砂糖。
2. 将蛋黄和剩余的细砂糖（75 克）打发至发白，一边搅拌，一边倒入煮沸的牛奶。将所有混合物倒回到锅中加热数秒，加入蛋黄，用木质的抹刀不断地搅拌，直至混合物达到 82 ℃。
3. 立刻关火，将平底锅从炉灶上移开，将制品过筛，倒入容器中，以便停止余温加热。加入橙子皮碎屑、柠檬皮碎屑和生姜屑。
4. 搅拌奶油，使之质地光滑。
5. 放入冰箱至完全冷却，然后放入冰淇淋机中制冷。加入切块的水果蛋糕，细细混匀，保存在冰柜里。

（3/4 升）

蛋白酥柠檬冰淇淋

材料

- 350 毫升新鲜全脂牛奶
- 150 毫升液体奶油
- 4 个蛋黄
- 105 克细砂糖
- 3 个有机柠檬
- 用于装饰的榛子蛋白酥碎屑（158 页）

1. 将牛奶和奶油倒入平底锅中，加热至 50 ℃。

2. 将蛋黄和细砂糖打发至发白，一边搅拌，一边倒入热牛奶。将所有混合物倒回到锅中用中火加热数秒，用木质的抹刀不断地搅拌，直至混合物变稠（大约达到 82 ℃）。

3. 立刻关火，将平底锅从炉灶上移开，将锅放入冰水中降温。

4. 将一个柠檬皮磨碎，挤压各个柠檬以便得到 140 毫升柠檬汁。将柠檬皮和柠檬汁倒入冷却的奶油中。

5. 放入冰箱至完全冷却，将制品放入冰淇淋机中制冷，然后保存在冰柜里。

6. 用榛子蛋白酥碎屑和黄色柠檬皮碎屑加以装饰。

（1/2 升）

摩洛哥薄荷冰淇淋

材料

- 25 片摩洛哥薄荷叶 + 用于装饰的薄荷叶
- 500 毫升新鲜全脂牛奶
- 100 克细砂糖

1. 清洗并晾干薄荷叶。
2. 将牛奶倒入平底锅中煮沸。
3. 关火，加入薄荷，盖上盖子浸泡 10 分钟。
4. 过筛后加细砂糖，充分混合搅匀。
5. 放入冰箱至完全冷却，将制品放入冰淇淋机中制冷，然后保存在冰柜里。
6. 用新鲜薄荷叶加以装饰。

建议

这款冰淇淋可以配草莓果泥一起享用。

（1升）

橄榄油冰淇淋

材料

- 200毫升新鲜全脂牛奶
- 400毫升矿泉水
- 80克奶粉
- 190克细砂糖
- 1/2个香草荚
- 80毫升优质橄榄油

1. 将牛奶和矿泉水倒入平底锅中，再加入奶粉和50克细砂糖，加热液体至煮沸。
2. 沿着长边剥开香草荚，用刀尖刮擦香草荚内部。将香草籽和香草荚放入煮沸的牛奶中。
3. 一边搅拌，一边将煮沸的牛奶倒在剩余的细砂糖上，再重新烧煮几秒，使香草充分浸泡。
4. 待奶油一变浓稠，立刻关火，将平底锅从炉灶上移开，将制品倒入容器中，以便停止余温加热。取出香草荚，加入橄榄油，搅拌均匀。
5. 放入冰箱至完全冷却，将制品放入冰淇淋机中制冷，然后保存在冰柜里。

（1/2 升）

豌豆冰淇淋

材料

- 350 克去荚的豌豆
- 100 毫升新鲜全脂牛奶
- 150 毫升液体奶油
- 2 个蛋黄
- 50 克细砂糖
- 少许薄荷叶
- 盐

1. 在锅中煮沸盐水，放入豌豆，烧煮 10 分钟。将豌豆取出沥干后，立刻放入冰水中，以停止余温加热，并保留豌豆鲜艳的绿色。

2. 再次沥干水分后，搅拌碾碎豌豆，然后过筛，得到细腻的豌豆泥。将豌豆泥冷藏保存。

3. 将牛奶和奶油倒入平底锅中，加热煮沸。

4. 将蛋黄和细砂糖打发至发白，一边搅拌，一边倒入煮沸的牛奶。将所有混合物倒回到锅中加热数秒，用木质的抹刀不断地搅拌，直至混合物达到 82 ℃（不能煮沸）。静置冷却后，放入冰箱冷藏保存。

5. 奶油冷却后，加入豌豆泥，搅拌混合均匀。

6. 将制品放入冰淇淋机中加工制冷，直到制品浓稠。加入切碎的新鲜薄荷叶，保存在冰柜里。

建议

可以用草莓雪芭（88 页）搭配此款冰淇淋。

（3/4 升）

牛油果冰淇淋

材料

- 5 个牛油果（400 克）
- 30 毫升柠檬汁
- 有机柠檬皮屑（1 个柠檬）
- 2 个蛋黄
- 100 克细砂糖
- 230 毫升新鲜全脂牛奶
- 100 毫升矿泉水
- 10 克奶粉
- 用于装饰的黄金香草蛋白酥（160 页）

1. 将牛油果削皮，取出果肉，浇上柠檬汁，加入柠檬皮，混合均匀后冷藏保存。
2. 将牛奶和矿泉水倒入平底锅中，再加入奶粉和一半细砂糖，加热液体至煮沸。
3. 将蛋黄和剩余的细砂糖打发至发白，一边搅拌，一边倒入煮沸的牛奶。将所有混合物倒回到锅中加热数秒，用木质的抹刀不断地搅拌，直至混合物达到 82 ℃（不能煮沸）。
4. 立刻关火，将平底锅从炉灶上移开，将制品倒进牛油果混合物中。搅拌均匀。
5. 过筛后，搅拌奶油，使之质地光滑。
6. 放入冰箱至完全冷却，将制品放入冰淇淋机中制冷，然后保存在冰柜里。
7. 用黄金香草蛋白酥加以装饰。

（3/4 升）

黑松露冰淇淋

材料

- 20 克盒装黑松露
- 500 毫升新鲜全脂牛奶
- 25 克奶粉
- 125 克细砂糖
- 4 个蛋黄
- 20 克黄油
- 1 个香草荚

1. 将牛奶倒入平底锅中。沿着长边剥开香草荚，用刀尖刮擦香草荚内部。将香草籽和香草荚放入牛奶中。待牛奶煮沸后，加入奶粉和 50 克细砂糖。
2. 将蛋黄和剩余的细砂糖（75 克）快速打发 5 分钟左右，直至轻微发白。接着一边搅拌，一边倒入煮沸的牛奶。将所有混合物倒回到锅中加热数秒，加入黄油，用木质的抹刀不断地搅拌，直至混合物达到 82 ℃。
3. 立刻关火，将平底锅从炉灶上移开，将制品过筛，倒入容器中，以便停止余温加热。
4. 搅拌奶油，使之光滑，然后放入冰箱，直至完全冷却。
5. 加入切碎的黑松露碎块，混合均匀。然后放入冰淇淋机中制冷，保存在冰柜里。

（1/2 升）

无蛋香草冰淇淋

材料

- 1 个香草荚
- 400 毫升新鲜全脂牛奶
- 12.5 克脱脂奶粉
- 100 克细砂糖
- 1 小块无盐黄油

1. 将牛奶倒入平底锅中。沿着长边剥开香草荚，用刀尖刮擦香草荚内部。将香草籽和香草荚放入牛奶中。加热牛奶至煮沸。
2. 加入奶粉和细砂糖，不断搅拌，使奶粉和细砂糖充分溶在热牛奶中。
3. 拿出香草荚，将制品倒入沙拉碗中，然后加入黄油。
4. 搅拌奶油，使之质地光滑。
5. 放入冰箱，直至完全冷却。然后放入冰淇淋机中制冷，保存在冰柜里。

（1/2 升）

无蛋草莓冰淇淋

材料

- 200 克草莓
- 250 毫升新鲜全脂牛奶
- 125 克细砂糖
- 用于装饰的草莓

1. 将草莓洗净并去蒂，碾碎草莓，得到草莓果泥。用非常细的筛网过滤草莓果泥，以去除草莓籽。将制品冷藏保存。
2. 将牛奶倒入平底锅中煮沸，加入细砂糖，将牛奶静置至冷却。
3. 不断搅拌，将加糖牛奶和草莓果泥混匀。
4. 放入冰箱至完全冷却，将制品放入冰淇淋机中制冷，然后保存在冰柜里。
5. 用草莓加以装饰。

建议

做无蛋杏子冰淇淋时，只需将草莓换成杏子即可，需要细砂糖 135 克。

（1升）

无蛋杏仁糖浆冰淇淋

材料

- 500毫升新鲜全脂牛奶
- 250毫升液体奶油
- 250毫升Teisseire®（法国天然糖浆品牌）杏仁糖浆
- 用于装饰的覆盆子酱汁

1. 在沙拉碗中将牛奶和奶油混合，然后加入杏仁糖浆。
2. 搅拌奶油，使之质地光滑。
3. 放入冰箱至完全冷却，将制品放入冰淇淋机中制冷，然后保存在冰柜里。
4. 淋上覆盆子酱汁加以装饰。

建议

这道冰淇淋与切成块的草莓或桃子搭配食用口感极佳。

（1升）

马斯卡彭奶酪草莓冰淇淋

材料

- 350毫升新鲜全脂牛奶
- 40克奶粉
- 180克细砂糖
- 200克马斯卡彭奶酪
- 230克草莓果肉

1. 将牛奶和奶粉倒入平底锅中，加入细砂糖，加热至煮沸。
2. 将马斯卡彭奶酪倒入沙拉碗中，用搅拌器将奶酪打发，然后将刚刚冷却的牛奶倒入其中，搅拌均匀。
3. 待奶油一变浓稠，便将制品倒在容器内，淋在草莓果肉上，然后不断搅拌并将混合物过筛，以去除草莓籽。
4. 放入冰箱至完全冷却，将制品放入冰淇淋机中制冷，然后保存在冰柜里。

建议

可以用切块的草莓加以装饰。

（3/4 升）

凯芮奶酪冰淇淋

材料

- 360 克凯芮（Kiri）® 奶酪
- 105 克细砂糖
- 120 毫升新鲜全脂牛奶
- 180 毫升液体奶油
- 10 毫升樱桃白兰地
- 用于装饰的斯派库鲁斯焦糖饼干碎（174 页）

1. 将奶酪放入碗中，加入细砂糖，用塑料抹刀搅拌均匀。
2. 加入奶油，然后加入牛奶和樱桃白兰地，混合均匀。
3. 将冷却的制品倒入冰淇淋机中，制作 15～20 分钟。
4. 将准备用来盛放冰淇淋的碗放入冰柜中。
5. 享用冰淇淋时，将碗从冰柜中取出，用汤勺挖取凯芮奶酪冰淇淋，并撒上斯派库鲁斯焦糖饼干碎。

（1/2 升）

无蛋巧克力冰淇淋

材料

- 400 毫升新鲜全脂牛奶
- 80 克细砂糖
- 6.25 克奶粉
- 7 克纯可可粉
- 110 克可可含量 60% ~ 70% 的巧克力

1. 将牛奶倒入平底锅中，加热至煮沸。
2. 加入细砂糖和奶粉，用搅拌器快速搅拌。
3. 将巧克力切碎，然后与可可粉放入一个碗中。
4. 分几次将加糖的牛奶倒在切碎的巧克力上并不断搅拌。
5. 放入冰箱至完全冷却，然后将制品放入冰淇淋机中制冷，最后保存在冰柜里。

（3/4 升）

无糖冰淇淋

——洛朗·让南（Laurent Jeannin）[1] 的配方

材料

- 600 毫升新鲜有机全脂牛奶
- 150 毫升液体奶油
- 2 个香草荚
- 9 个蛋黄
- 3 克甜叶菊或 75 克龙舌兰糖浆或 4 克 阿斯巴甜（Canderel®）牌甜味剂

1. 将牛奶和液体奶油倒入平底锅中。沿着长边剥开香草荚，用刀尖刮擦香草荚内部。将香草籽和香草荚放入牛奶中。将锅内液体煮沸后，加入一点你喜欢的无糖甜味剂。

2. 将蛋黄和剩余的甜味剂打发至发白，一边搅拌，一边倒入煮沸的牛奶。将所有混合物再次倒回到锅中加热数秒，用木质的抹刀不断地搅拌（不能煮沸）。

3. 待奶油一变浓稠，立刻关火，将平底锅从炉灶上移开，将制品过筛，倒入容器中，以便停止余温加热。

4. 搅拌奶油，使之质地光滑。

5. 放入冰箱至完全冷却，将制品放入冰淇淋机中制冷，然后保存在冰柜里。

建议

可以搭配斯派库鲁斯焦糖饼干（174 页）享用本款冰淇淋。

---

1 Laurent 主厨从 15 岁开始接触甜点，1986 年入职馥颂（Fauchon），1989—1999 年期间，他在著名的五星级酒店瑰丽（Crillon）工作，后来在乔治五世（George V）酒店负责所有的甜点工作。2001 年，他离开了巴黎酒店行业，在日本做起了甜点顾问。2007 年，Laurent 加入了 Eric Frechon 主厨所在的布里斯托（Bristol）酒店，两年时间摘取了米其林三星。2011 年被 *Le chef* 杂志评为“最佳糕点主厨”，代表作为镂空巧克力球。

雪芭
SORBETS

（1/2 升）

香蕉百香果雪芭

材料

- 270 克香蕉果肉（3～4 个香蕉）
- 170 毫升不加糖的百香果汁
- 150 毫升矿泉水
- 120 克细砂糖
- 50 毫升橙汁

1. 用平底锅将矿泉水加热，然后加入细砂糖，不断搅拌，直至全部溶解。让糖浆静置冷却。
2. 将香蕉与百香果汁、橙汁混合均匀，直到制品质地平滑细腻。
3. 加入冷却后的糖浆，然后将混合物全部过筛。
4. 放入冰箱至完全冷却，将制品放入冰淇淋机中制冷，然后保存在冰柜里。

建议

将百香果汁冷冻，用时取出，更加便利快捷。

若想仅仅制作香蕉雪芭，则无需加入百香果汁，细砂糖减至 80 克。

（3/4 升）

黑加仑雪芭

材料

- 1.5 升矿泉水
- 800 克新鲜黑加仑
- 80 克红醋栗
- 200 克细砂糖
- 30 毫升第戎黑醋栗甜酒

1. 用平底锅将矿泉水煮沸，放入黑加仑和红醋栗，然后再煮几秒钟。
2. 用小漏斗过滤，然后用绞菜机或者果蔬榨汁机处理软化的黑加仑和红醋栗，得到大约 450 克果肉泥。
3. 用平底锅将 200 毫升水煮沸，然后加入细砂糖，不断搅拌至溶解。
4. 糖浆静置冷却后，加入果肉泥，再加入黑醋栗甜酒。
5. 放入冰箱至完全冷却，将制品放入冰淇淋机中制冷，然后保存在冰柜里。

（1升）

酸樱桃雪芭

材料

- 500克去核的欧洲酸樱桃
- 1/2个香草荚
- 350毫升矿泉水
- 270克细砂糖
- 少许樱桃白兰地

1. 沿着长边剥开香草荚，用刀尖刮擦香草荚内部。
2. 将矿泉水倒入平底锅中，加入香草荚和香草籽，加热至30℃。然后加入细砂糖，烧煮至微微沸腾，使糖溶解。
3. 将酸樱桃放入沙拉碗中，倒入糖浆，将制品混合搅拌均匀，然后过筛。加入樱桃白兰地，静置冷却。
4. 放入冰淇淋机中制冷。
5. 取出雪芭后，放入冷藏过的容器中，然后放入冰柜保存。

（1/2 升）

草莓雪芭

——我的童年记忆

材料

- 500 克草莓
- 150 克细砂糖

1. 将草莓去蒂后放入容器中搅拌、碾压，然后用细漏斗过滤果肉。
2. 加入细砂糖，混合均匀，使糖溶解。
3. 放入冰淇淋机中制冷。
4. 取出雪芭后，放入冷藏过的容器中，然后放入冰柜保存。

建议

这道简单的配方是我在巴黎瑰丽酒店（l'hôtel de Crillon）时采用的，全部使用水果，不掺水。这款雪芭味美无比，当然，前提是草莓要香甜可口。

如果您的冰柜比较大，可以在草莓当季之时（此时草莓价格不贵且味道极佳）将果肉冷冻起来，以便一年之中随时制作草莓雪芭。

您还可以用同样的方法制作覆盆子雪芭，也同样美味绝伦。

(3/4 升)

覆盆子雪芭

材料

- 500 克覆盆子果肉(或搅拌、过筛后的覆盆子)
- 100 毫升矿泉水
- 150 克细砂糖
- 2 克奶粉
- 30 毫升柠檬汁

1. 将矿泉水倒入平底锅中，加热至 30℃。加入细砂糖和奶粉，烧煮至微微沸腾，使糖溶解。
2. 将糖浆倒入覆盆子果肉和柠檬汁中，静置冷却。
3. 放入冰淇淋机中制冷。
4. 取出雪芭后，放入冷藏过的容器中，然后放入冰柜保存。

（1/2 升）

黄香李猕猴桃雪芭

材料

- 330 克新鲜猕猴桃果泥（4～5 个猕猴桃）
- 70 克细砂糖
- 100 毫升矿泉水
- 10 毫升黄香李白兰地或者陈年李子白兰地

1. 将猕猴桃去皮后，切成大块，放在容器中。
2. 将矿泉水倒入平底锅中，加入细砂糖，加热至大约 50 ℃，使糖溶解。静置糖浆，使之稍微冷却。
3. 将变温的糖浆倒在猕猴桃果块上，搅拌均匀后，将混合物过筛。加入黄香李白兰地。
4. 放入冰淇淋机中制冷。
5. 取出雪芭后，放入冷藏过的容器中，然后放入冰柜保存。

（3/4 升）

橘子雪芭

材料

- 约 12 个橘子（500 毫升橘子汁）
- 200 克方糖
- 100 毫升矿泉水
- 1/2 个柠檬的果汁

1. 用方糖块摩擦已经洗净、拭干的橘子皮，这是一种传统的做法，能够保留水果的味道，同时去除水果的苦味。
2. 用锯齿刀将橘子切成两半，然后挤压橘子压出果汁。需要 500 毫升的橘子果汁。
3. 将矿泉水倒入平底锅中，加入方糖，加热至煮沸，然后将糖浆静置冷却。
4. 将过滤过的橘子汁、柠檬汁和冷却的糖浆混合。
5. 用冰淇淋机制冷后，放入冰柜中保存。
6. 食用时，在雪芭球上插上橘子叶，模仿橘子的形象。

建议

可以留下橘子皮，将之糖渍，用作装饰。

（3/4 升）

杏子雪芭

材料

- 约 15 个杏子
- 1 个大柠檬的果汁
- 200 毫升矿泉水
- 130 克细砂糖

1. 将杏子切开并去核，浇上柠檬汁，搅拌均匀，得到 500 克细腻的果泥。用细筛网过筛后，冷藏保存。
2. 将矿泉水倒入平底锅中，加入细砂糖，加热至大约 50 ℃，使糖溶解。静置糖浆，使之稍微冷却。
3. 将变温的糖浆倒在杏子果泥上，搅拌均匀。
4. 放入冰淇淋机中制冷。
5. 取出雪芭后，放入冷藏过的容器中，然后放入冰柜保存。

建议

可以用薄荷叶加以装饰。

（3/4 升）

西柚雪芭

材料

- 4～5 个新鲜西柚
- 200 克细砂糖
- 30 毫升柠檬汁

1. 用锯齿刀将西柚切成两半，挤压西柚以得到 500 毫升果汁。冷藏保存。
2. 将 100 毫升西柚汁倒入平底锅中加热，加入细砂糖。
3. 略微煮沸，然后倒入剩下的 400 毫升西柚汁。加入柠檬汁，将所有液体搅拌均匀。
4. 放入冰淇淋机中制冷。
5. 取出雪芭后，放入冷藏过的容器中，然后放入冰柜保存。

（3/4升）

百香果雪芭

材料

- 400克百香果果肉
- 180克细砂糖
- 200毫升矿泉水

1. 将矿泉水倒入平底锅中，加入细砂糖，加热至大约50℃，使糖溶解。静置糖浆，使之稍微冷却。
2. 将变温的糖浆倒在百香果果肉上，搅拌均匀。
3. 放入冰淇淋机中制冷。
4. 取出雪芭后，放入冷藏过的容器中，然后放入冰柜保存。

（3/4 升）

梨子雪芭

材料

- 500 克梨子罐头
- 150 毫升梨子糖水罐头
- 50 克细砂糖
- 1 个柠檬的果汁
- 10 毫升梨子白兰地

1. 将梨子糖水倒入平底锅中煮沸，然后一边搅拌，一边加入细砂糖。将所得糖浆放入冰箱冷藏，直至完全冷却。
2. 将梨子、柠檬汁和白兰地细细搅拌。用小漏斗过滤果肉，并加入糖浆，搅拌均匀。
3. 试尝制品，如有需要，再加入一勺白兰地。
4. 用冰淇淋机制冷后，放入冰柜保存。

建议

我从著名的塔耶旺餐厅（Taillevent）学到了这个配方。

建议选用优质的梨子糖水罐头；最好是在丰收季节自行制作储藏，以供全年制作这一款雪芭。当然，也可以使用新鲜的梨，但是需要注意的是，新鲜的梨很快就会氧化变黑，而且它们还必须非常新鲜美味！

（3/4 升）

可可雪芭

材料

- 50 克 可可含量 70% 的黑巧克力
- 500 毫升矿泉水
- 220 克细砂糖
- 125 克可可粉

1. 将巧克力用刀或者搅拌器研细。
2. 将矿泉水和细砂糖倒入平底锅中煮沸。
3. 将巧克力和可可粉倒入碗中，一边快速搅拌，一边慢慢加入糖水。静置冷却至室温。
4. 用冰淇淋机制冷后，放入冰柜保存。

（1.5 升）

糖渍苹果雪芭

材料

- 6～7 个博斯科普黄苹果（belle-de-Boskoop）或者 625 克无糖苹果泥
- 1 块核桃大小的黄油
- 375 克细砂糖
- 400 毫升矿泉水
- 190 毫升干苹果起泡酒
- 5 毫升卡尔瓦多斯酒（Calvados® 法国苹果白兰地）
- 用于装饰的蛋白酥（160 页）

1. 将苹果去皮切块，把果肉和黄油一起放入平底锅中小火慢煮或放入烤箱中烘烤。冷藏保存。
2. 将矿泉水倒入平底锅中，加入细砂糖，加热至大约 50 ℃，使糖溶解。加入苹果起泡酒和卡尔瓦多斯酒，搅拌均匀。静置糖浆，使之冷却。
3. 将变温的糖浆浇在苹果泥上，搅拌均匀，使混合物变得细腻。
4. 放入冰淇淋机中制冷。
5. 取出雪芭后，放入冷藏过的容器中，然后放入冰柜保存。
6. 用蛋白酥加以装饰。

建议

也可以用婴儿食用的果泥代替苹果，同样非常美味。

（3/4 升）

阿佩罗斯普茨雪芭

材料

- 3~4 个有机橙子的果汁
- 200 克方糖
- 100 毫升矿泉水
- 100 毫升阿佩罗斯普茨®利口酒（Aperol Spritz®）
- 100 毫升普罗塞克起泡酒（prosecco）
- 1/2 个柠檬的果汁

1. 用方糖块摩擦已经洗净、拭干的橙子皮，将橙子切成两半后挤压，得到 350 克果汁。
2. 将矿泉水和方糖倒入平底锅中煮沸，加入阿佩罗斯普茨利口酒和普罗塞克起泡酒，然后静置冷却。
3. 将橙子汁、冷却的糖浆和柠檬汁搅拌均匀。
4. 用冰淇淋机制冷后，放入冰柜保存。

（1/2升）

哈密瓜雪芭

材料

- 500克哈密瓜果肉
- 1个柠檬的果汁
- 140克细砂糖
- 1克奶粉
- 1撮藏红花粉

1. 将1/3哈密瓜果肉、柠檬汁和细砂糖倒入平底锅中，不断搅拌，加热至50℃。然后静置冷却。
2. 加入剩下的哈密瓜果肉和奶粉，搅拌均匀。
3. 用小漏斗过滤，得到稀薄的果肉泥。加入藏红花粉，搅拌均匀。
4. 用冰淇淋机制冷后，放入冰柜保存。

（1升）

柠檬茶雪芭

材料

- 2～3个黄柠檬（150毫升果汁）
- 120克细砂糖
- 650毫升矿泉水
- 300克葡萄糖（最好是葡萄糖粉）
- 15克优质锡兰茶
- 用于装饰的榛子蛋白酥（158页）

1. 用锯齿刀将黄柠檬切成两半，挤压柠檬以得到150毫升果汁。冷藏保存。
2. 将矿泉水略微煮沸，加入提前混合葡萄糖的细砂糖，再次煮沸。
3. 将茶叶放入糖浆中，浸泡5分钟，过滤后静置冷却，然后加入柠檬汁。
4. 放入冰淇淋机中制冷。
5. 取出雪芭后，放入冷藏过的容器中，然后放入冰柜保存。
6. 用榛子蛋白酥加以装饰。

建议

如果没有葡萄糖，可以用细砂糖代替。

（3/4升）

草莓哒哒糖雪芭

材料

- 150克草莓哒哒糖（Tagada®）
- 75克细砂糖
- 300毫升矿泉水
- 375克草莓果肉

1. 将矿泉水倒入平底锅中煮沸，再加入草莓哒哒糖和细砂糖，混合均匀。
2. 将草莓果肉倒入平底锅中，再次搅拌均匀。
3. 将制品冷藏一小时。
4. 用冰淇淋机制冷后，放入冰柜保存。

小贴士

再介绍一款大小孩子都喜欢的配方：冰棒！想要制作6根冰棒，将600毫升矿泉水、120毫升石榴、草莓或者紫罗兰糖浆混合均匀。将液体倒入配有木棍的塑料模具中，然后放入冰柜保存。

（3/4 升）

香橙雪芭

材料

- 320 毫升新鲜全脂牛奶
- 170 克细砂糖
- 75 克葡萄糖（最好是葡萄糖粉）
- 250 毫升香橙汁
- 1/2 个有机黄柠檬皮碎屑和用于装饰的柠檬皮碎屑

1. 将牛奶和加入葡萄糖粉的细砂糖倒入平底锅中搅拌，加热至煮沸。静置冷却糖浆至温热。
2. 向变温的糖浆中加入香橙汁和黄柠檬皮碎屑。
3. 冷藏 1 小时。
4. 用冰淇淋机制冷后，放入冰柜保存。
5. 用黄柠檬皮碎屑加以装饰。

（1/2 升）

白奶酪雪芭 / 酸奶雪芭

材料

- 200 毫升新鲜全脂牛奶
- 100 克细砂糖
- 300 克乳脂含量 40% 的白奶酪（或者原味酸奶）
- 1 个柠檬的果汁
- 榛子蛋白酥（158 页）

1. 将牛奶倒入平底锅中煮沸。加入细砂糖，用搅拌器搅拌，使糖溶解。
2. 一边快速搅拌，一边将白奶酪或者酸奶倒入沙拉碗中，然后加入上一步制作的加糖牛奶和柠檬汁。
3. 放入冰箱冷藏，直至完全冷却。
4. 用冰淇淋机制冷后，放入冰柜保存。
5. 用榛子蛋白酥碎屑加以装饰。

（1升）

薰衣草雪芭

材料

- 300克葡萄糖（最好是葡萄糖粉）
- 12克薰衣草干花
- 120克细砂糖
- 650毫升矿泉水
- 150毫升黄柠檬汁

1. 将矿泉水略微煮沸，加入提前混合葡萄糖的细砂糖，再次煮沸。
2. 加入薰衣草干花，浸泡3分钟，过滤后加入黄柠檬汁。
3. 放入冰箱冷藏，直至完全冷却。
4. 用冰淇淋机制冷后，放入冰柜保存。

建议

若没有葡萄糖，可以用细砂糖代替。

（3/4 升）

苹果罗勒雪芭

材料

- 5 个青苹果（500 克果肉，果肉最好是家中自制的）
- 200 毫升矿泉水
- 175 克细砂糖
- 1 个黄柠檬的果汁
- 20 片新鲜罗勒叶
- 15 毫升西班牙青苹果利口酒（Manzana®）

1. 用果蔬榨汁机或者搅拌机榨取青苹果汁并保存。
2. 将矿泉水和细砂糖倒入平底锅中，煮沸后静置冷却糖浆。
3. 将冷却的糖浆浇在青苹果果肉和黄柠檬汁上。加入切碎的罗勒叶，最后加入青苹果利口酒。搅拌均匀。
4. 放入冰箱冷藏，直至完全冷却。
5. 用冰淇淋机制冷后，放入冰柜保存。
6. 用罗勒叶和小块苹果加以装饰。

（1升）

莫吉托鸡尾酒雪芭

材料

- 6克新鲜薄荷叶
- 20克奶粉
- 220克细砂糖
- 550毫升矿泉水
- 100毫升青柠汁
- 2个有机青柠檬皮碎屑
- 50毫升白朗姆酒

1. 将新鲜薄荷叶洗净并弄干。
2. 将矿泉水倒入平底锅中煮沸，加入细砂糖和奶粉，搅拌均匀。
3. 关火后加入薄荷，盖上锅盖，浸泡10分钟。
4. 过滤后倒入青柠汁。加入青柠檬皮碎屑，再加入朗姆酒。
5. 放入冰箱冷藏，直至完全冷却。
6. 用冰淇淋机制冷后，放入冰柜保存。
7. 用新鲜薄荷叶加以装饰。

（3/4 升）

番茄雪芭

材料

- 500 毫升番茄汁（或者当季的番茄）
- 200 毫升矿泉水
- 1/4 个柠檬的果汁
- 175 克细砂糖
- 用于装饰的无麸法式油酥饼干碎（152 页）

1. 将矿泉水倒入平底锅中加热至 30 ℃。
2. 加入细砂糖，将液体略微煮沸，使糖溶解，然后将糖浆和番茄汁和柠檬汁混合。静置冷却。
3. 放入冰淇淋机中制冷。
4. 取出雪芭后，放入冷藏过的容器中，然后放入冰柜保存。
5. 用无麸法式油酥饼干碎加以装饰。

（3/4 升）

胡萝卜雪芭

材料

- 400 毫升含果肉的有机胡萝卜汁（或者 300 毫升胡萝卜汁、100 克胡萝卜）果肉
- 100 毫升橙汁
- 200 克细砂糖
- 150 毫升矿泉水

1. 将矿泉水和细砂糖倒入平底锅中，不断搅拌，沸腾后静置冷却。
2. 将胡萝卜汁和果肉与橙汁搅拌均匀，然后加入糖浆。过筛，以便获得比较稀的果泥。
3. 用冰淇淋机制冷后，放入冰柜保存。

慕斯、冰杯和冰甜点
MOUSSES, COUPES ET DESSERTS GLACÉS

（4 人份）

香草冰慕斯

材料

- 1 个香草荚
- 15 毫升香草精
- 50 毫升矿泉水
- 60 克细砂糖
- 3 个蛋黄
- 250 毫升液体全脂淡奶油

1. 将沙拉碗放入冰柜中预冷。
2. 将矿泉水和细砂糖倒入一个大碗中，加入蛋黄，放在蒸锅里搅拌，使混合物隔水升温变稠。关火后继续搅拌，直至完全冷却。
3. 将香草荚剥成两半，用刀尖刮擦香草荚内部。将香草籽和香草精加入混合物中。
4. 将冷却的液体奶油倒入冷藏过的沙拉碗中，将鲜奶油打发。用刮铲将所得制品轻轻搅拌均匀。
5. 将慕斯倒入附有食品塑料膜的模具中，放入冰柜冷藏至少 4 小时。
6. 在食用前 10 分钟将慕斯从模具中取出。

建议

可以搭配草莓果肉来享用本款冰慕斯。

（4 人份）

百香果冰慕斯

材料

- 1 个百香果
- 70 克细砂糖
- 200 毫升百香果果汁（新鲜的）
- 3 片明胶
- 300 毫升液体奶油

1. 将沙拉碗放入冰柜中。把明胶放在冰水中泡软。
2. 将百香果汁倒在平底锅中，小火加热。一边不断搅拌，一边加入细砂糖和脱水的明胶。将制品放入冰箱，直到果汁完全冷却，但并未凝固。若果汁已经凝固，则将果汁略微加热搅拌即可。
3. 将冷却的液体奶油倒入冷藏过的沙拉碗中，将鲜奶油打发。用刮铲将所得制品轻轻搅拌均匀。
4. 将慕斯倒入容器中，放入冰柜冷冻 3 小时。
5. 在食用前 10 分钟取出慕斯，加入百香果肉食用。

（1人份）

夏威夷冰杯

材料

- 30毫升君度®橙味利口酒（Cointreau®）
- 2个橘子冰淇淋球（94页）
- 2片新鲜菠萝或糖水菠萝
- 1个香草冰淇淋球（66页）
- 香缇奶油（掼奶油）
- 1个猫舌饼干或手指海绵饼干（172页）

1. 将玻璃杯或甜点盘放入冰柜。
2. 将菠萝片沥干汁水后放入利口酒中浸泡30分钟。
3. 将菠萝片切成两半，把它们摆放在冰过的杯子或盘中。
4. 接着摆放1大个香草冰淇淋球，用勺背面轻轻压平，上面放上2个橘子冰淇淋球。
5. 将奶油装入裱花袋中，点缀上香缇奶油小花。
6. 用猫舌饼干或手指海绵饼干加以装饰。制作完成后立即食用。

（1 人份）

西班牙冰杯

材料

- 1 个淡糖水梨或 1 个新鲜梨子
- 2 汤勺梨子冰淇淋或梨子雪芭球（102 页）
- 2 汤勺咖啡冰淇淋（14 页）
- 香缇奶油
- 巧克力碎屑
- 巧克力咖啡豆

1. 提前 1 小时将玻璃杯或甜点盘放入冰箱冷藏。
2. 给新鲜梨子去皮，将梨子切成薄片。
3. 在杯中或盘中放入一层梨子冰淇淋，然后放上第二层梨子薄片。覆上咖啡冰淇淋，并在其中嵌入巧克力咖啡豆，然后用抹刀或勺子背面抹平冰淇淋表面。
4. 将奶油装入裱花袋中，点缀上香缇奶油小花。
5. 用巧克力碎屑加以装饰。制作完成后立即食用。

（1人份）

玛热斯蒂克冰杯

材料

- 3个成熟新鲜杏子或5个半瓣去核糖水杏子
- 1盒彩色水果蜜饯
- 2个香草冰淇淋球（26页）
- 1个杏子雪芭球（96页）
- 1块加伏特（Gavottes）薄脆饼干（176页）

1. 将玻璃杯或甜点盘放入冰柜。
2. 将2个杏子搅拌成果泥，然后放入冰箱冷藏。
3. 清洗水果蜜饯，沥干水分后切成小块备用。
4. 在杯子或盘子的底部铺上杏子果泥，然后放上一层厚厚的香草冰淇淋。接着在上面放置1个杏子雪芭球，用1瓣糖水杏子和水果蜜饯加以点缀。
5. 最后在冰淇淋上点缀加伏特薄脆饼干。制作完成后立即食用。

（5 人份）

南鲁斯科冰杯

材料

- 500 毫升巴黎车轮泡芙冰淇淋（40 页）
- 500 毫升香草白巧克力冰淇淋（22 页）
- 500 毫升黑巧克力冰淇淋（16 页）
- 100 克英式香草卡仕达酱（未经冰淇淋机制冷的香草冰淇淋）
- 香缇奶油

1. 提前 1 小时将玻璃杯或甜点盘放入冰柜冷藏。
2. 在巴黎车轮泡芙冰淇淋、白巧克力冰淇淋和黑巧克力冰淇淋表面上滑动勺子，使每个冰淇淋呈条状，放入杯中或盘中，装饰搭配精致、丰盛。
3. 用平底锅或微波炉稍微加热卡仕达酱。
4. 最后在整个制品上淋上 30 毫升热卡仕达酱。
5. 将香缇奶油装入裱花袋中，点缀上奶油小花。制作完成后立即食用。

（4 人份）

黑森林冰杯

材料

- 少许欧洲黑色酸樱桃
- 少许欧洲甜樱桃
- 少许阿玛蕾娜野樱桃
- 500 毫升酸樱桃雪芭（86 页）
- 500 毫升巧克力冰淇淋（16 页）
- 250 毫升液体全脂奶油
- 黑巧克力碎屑
- 阿玛蕾娜野樱桃汁
- 樱桃白兰地

1. 将沙拉碗和甜点盘放入冰柜冷藏几分钟，在此期间，借助小漏勺沥干各种樱桃的汁水。
2. 盘子冷却好后，放置巧克力冰淇淋球和酸樱桃雪芭球，然后再次将盘子放入冰柜。
3. 将冷却的液体奶油放入冷藏过的沙拉碗中，将奶油打发成香缇奶油。冷藏保存。
4. 在每个冰杯或甜点盘上放上巧克力冰淇淋球和欧洲黑色酸樱桃，用各种樱桃加以装饰。将奶油装入裱花袋中，点缀上奶油小花。
5. 用黑巧克力碎屑加以装饰，淋上少量阿玛蕾娜野樱桃汁和几滴樱桃白兰地。制作完成后立即食用。

（4 人份）

蓝莓香草甜点

材料

- 500 克蓝莓
- 30 克细砂糖
- 少许香草粉
- 琼瑶浆白兰地（Marc de Gewurztraminer）
- 1/2 升香草冰淇淋（26 页）

1. 用凉水冲洗蓝莓。
2. 将细砂糖和蓝莓倒入长柄平底锅中，用极小火烧煮。加入香草粉，用木勺轻轻翻动，注意不要搅烂蓝莓。
3. 试尝后根据口味再加少量细砂糖。浇上少量琼瑶浆白兰地。
4. 将蓝莓倒入有一定深度的盘子中。在盘子的中央摆放一个漂亮的香草冰淇淋。

（4 人份）

覆盆子香草甜点

材料

- 500 克覆盆子
- 40 克细砂糖
- 少许迷迭香干叶
- 樱桃白兰地
- 1/2 升香草冰淇淋（26 页）

1. 将细砂糖和覆盆子水果倒入长柄平底锅中，用极小火烧煮。加入迷迭香，用木勺轻轻翻动，注意不要搅烂覆盆子。

2. 试尝后根据口味再加少量细砂糖。浇上少量樱桃白兰地。

3. 将覆盆子倒入有一定深度的盘子中。在盘子的中央摆放一个漂亮的香草冰淇淋。

装饰甜品
TOPPINGS

（约 280 克）

法式油酥饼干

材料

- 125 克无盐黄油
- 45 克糖粉
- 1 克精盐
- 115 克面粉

1. 将黄油放入沙拉碗中软化，借助抹刀，使黄油变成膏状。
2. 加入糖粉，再加入精盐，用搅拌器快速搅拌均匀。加入面粉，揉成面团。
3. 将面团置于烘焙纸上按压揉捏，轻轻撒上面粉，用擀面杖压平面团。
4. 擀成厚度大约 3 毫米的面团。
5. 放入烤箱，160 ℃烘烤 20 分钟左右，静置冷却后掰成碎块。

建议

若要制作无麸法式油酥饼干，可以将米粉（60 克）和 Maïzena® 玉米淀粉（60 克）混合替代面粉。

（约 200 克）

榛子 / 花生 / 开心果果仁糖

材料

- 150 克榛子（或花生、天然开心果）
- 70 克细砂糖
- 少许盐
- 少许香草粉
- 30 毫升水

1. 160 ℃焙炒坚果 15~20 分钟，将榛子在筛子中摩擦去壳。对外壳吹气，吹掉外壳（一定记着向外吹！），然后用大刀切碎干果。
2. 在平底锅内倒入细砂糖、30 毫升水、盐和香草粉，用中火将混合物加热至 118 ℃。然后加入切碎的干果。
3. 快速搅拌，使混合物变白并分散开，继续烧煮，直至混合物略呈焦糖色。
4. 将制品倒在盘中静置冷却。放在密封的玻璃容器中保存。

建议

若要制作果仁酱，则使用双倍分量的细砂糖，用同样的方式制作即可。冷却后放入小型搅拌机中细细搅拌几分钟（请耐心等待，到一定时间，制品就会变成糊状）。

（约 200 克）

糖粉奶油块

材料

- 50 克无盐黄油
- 50 克细砂糖
- 50 克杏仁粉
- 50 克面粉
- 1 克盐
- 切碎的零陵香豆
- 适量肉桂粉
- 20 克白巧克力

1. 将黄油、细砂糖、杏仁粉、面粉、盐和香料放入同一个容器中，用手按揉，使所有材料充分融入面团中，得到数个面团块。
2. 出现糖粉奶油块后（一些形如小石头的团块），将小面团放入烤盘中，盖上烘焙纸，在烤箱中以 180 ℃烤 15 分钟左右。
3. 从烤箱中取出糖粉奶油块，使之稍微冷却。
4. 当糖粉奶油块变温后，淋上提前熔化好的白巧克力。快速搅拌后铺在烘焙纸上。冷藏保存。

建议

若要制作巧克力糖粉奶油块，则加入 15 克可可粉，并用黑巧克力替代白巧克力。

（约 50 小块）

榛子蛋白酥

材料

- 125 克蛋清（大约 4 个鸡蛋）
- 100 克细砂糖
- 60 克榛子粉
- 60 克糖粉
- 少许香草粉
- 20 克榛子蛋白酥碎屑（首次制作时，先放一些原味蛋白酥碎屑）

1. 在蛋清中加入少量细砂糖，将蛋清打发成泡沫雪花状。当泡沫变稠厚时，加入剩余的细砂糖。
2. 加入榛子粉、糖粉、香草粉、蛋白酥碎屑，用抹刀搅拌均匀。
3. 在烤盘上铺好烘焙纸，装上直径 8 毫米的裱花嘴，用裱花袋挤出尖顶小团。
4. 放入烤箱，以 150 ℃烘烤约 1 个小时，期间要将盘子转动一下。
5. 将蛋白酥保存在密闭、干燥的容器里。

建议

可以用同样的方式制作蛋白酥棍或薄脆，用以装饰冰淇淋。

（约 50 小块）

黄金香草蛋白酥

材料

- 125 克蛋清（大约 4 个鸡蛋）
- 1 撮盐
- 240 克细砂糖
- 1 小袋香草糖
- 糖粉或马卡龙碎屑

1. 将蛋清倒在沙拉碗中（或者搅拌盆）。加入 1 撮盐后搅拌。蛋清打发起泡后，加入 1/4 的细砂糖和香草糖。
2. 继续快速搅拌，当提起打蛋器时，蛋白泡沫能够附在打蛋器上（约 10 分钟），再加入 1/4 的细砂糖。
3. 加入剩余的细砂糖，轻轻搅拌。
4. 在烤盘上铺好烘焙纸，借助裱花袋或汤勺，将蛋白制成球状，或 8 厘米长、3 厘米宽的小棍状。
5. 轻轻撒上马卡龙碎屑或糖粉，放入烤箱，用特小火、130 ℃烤 10 分钟，然后用 80 ℃再烤至少 2 小时。应当烤至蛋白酥能够轻易脱离烘焙纸。
6. 将蛋白酥保存在密闭、干燥的容器里。

（约 10 片）

柠檬杏仁瓦片酥

材料

- 1 个鸡蛋
- 125 克细砂糖
- 140 克杏仁片
- 1 个有机柠檬的皮碎屑
- 30 克面粉
- 无盐黄油

1. 将鸡蛋和细砂糖打发至起泡。
2. 加入杏仁片和柠檬皮碎屑。然后加入面粉，搅拌均匀。
3. 取一个防粘烤盘，抹上黄油，用勺子取混合物并摊平，间隔排放到烤盘上。将烤盘放入烤箱，以 220 ℃烤十几分钟。
4. 取出烤盘，将烤热软化的瓦片酥放在擀面杖上，使瓦片酥呈弯曲状。
5. 将瓦片酥保存在密闭、干燥的容器里。

（约 25 个）

蜂蜜玛德琳蛋糕

材料

- 200 克无盐黄油 + 用于涂抹模具的量
- 200 克面粉 + 用于涂抹模具的量
- 10 克酵母
- 3 个新鲜鸡蛋
- 130 克细砂糖
- 30 克冷杉树蜂蜜 + 用于最后加工装饰的量
- 60 毫升新鲜全脂牛奶
- 少许香草粉
- 1 瓶香草精

1. 将黄油放入平底锅中熔化，稍微加热一会儿（2 分钟），得到浅褐色的黄油。
2. 将面粉和酵母混合并过筛。
3. 将鸡蛋、细砂糖、蜂蜜、牛奶、香草粉、香草精倒入沙拉碗中搅拌，然后加入过筛后的面粉和过筛后变温的黄油。
4. 让黄油稍微熔化后，在玛德琳蛋糕模具上抹上黄油和面粉。每个空槽中都挤入一个小面团，放入烤箱，以 210 ℃烤 10～12 分钟。
5. 从烤箱中取出后，用圆锥形纸袋给每个玛德琳蛋糕滴上少量蜂蜜。

（约 300 克）

黑巧克力酱

材料

- 120 克加勒比纯黑巧克力（法芙娜 Valrhona®）
- 120 毫升新鲜全脂牛奶
- 50 毫升液体全脂奶油
- 15 克无盐黄油
- 10 克细砂糖

1. 在案板上用刀将巧克力细细切碎。
2. 将牛奶和液体奶油倒入平底锅中煮沸。
3. 将 1/3 液体浇在巧克力碎上，快速搅拌，再倒入剩余液体，加入黄油和细砂糖，将混合物全部倒回平底锅中煮沸 2 秒，并持续搅拌。

（约 300 克）

牛奶巧克力酱

材料

- 120 克 可可含量为 40% 的牛奶巧克力
- 120 毫升新鲜全脂牛奶
- 50 毫升液体全脂奶油
- 15 克无盐黄油
- 10 克细砂糖

1. 在案板上用刀将巧克力细细切碎。
2. 将牛奶和液体奶油倒入平底锅中煮沸。
3. 将 1/3 液体浇在巧克力碎上，快速搅拌，再倒入剩余液体，加入黄油和细砂糖，将混合物全部倒回平底锅中煮沸 2 秒，并持续搅拌。

（约 200 克）

焦糖酱

材料

- 60 克细砂糖
- 150 毫升液体奶油
- 30 克无盐黄油
- 2 撮盐之花

1. 将细砂糖倒入平底锅中加热熔化，直至轻微上色。

2. 在微波炉或小平底锅中加热液体奶油几秒钟；温热的奶油比冷却的奶油更容易吸收混匀。分 3 次慢慢将奶油倒入焦糖中，并不断用木勺搅拌。

3. 加入黄油和盐之花，然后再加热十几秒，使焦糖酱变得浓稠。

（约 15 个）

手指海绵饼干

材料

- 80 克面粉
- 3 个鸡蛋
- 80 克细砂糖
- 5 毫升香草精
- 50 克糖粉

1. 提前将烤箱预热至 200 ℃。将面粉过筛。
2. 分离出蛋清。将蛋清打发成白色泡沫状。打发至坚挺的硬性发泡时，一点点加入细砂糖，继续搅拌，得到稠厚的泡沫。
3. 轻轻加入蛋黄，搅拌 5 秒。加入香草精和过筛后的面粉。用抹刀轻轻搅拌，使所有材料充分混合。
4. 在烤盘上铺上烘焙纸，用汤勺挖取面糊并铺成香肠状，间隔排放到烤盘上。撒上糖粉，静置 5 分钟后，再撒一次糖粉。
5. 放入烤箱烤 8～10 分钟。仔细观察，烤至浅褐色。
6. 饼干烤好后，冷却即可。

（约 10 个）

斯派库鲁斯焦糖饼干

材料

- 50 克无盐黄油
- 50 克赤砂糖
- 15 克细砂糖
- 1/2 个鸡蛋
- 5 毫升牛奶
- 100 克面粉
- 1 撮肉桂粉
- 1 撮盐
- 1 克面包酵母

1. 提前从冰箱中取出黄油使之软化。
2. 将软化的黄油与赤砂糖、细砂糖混合，得到带粗粒的面团块。加入鸡蛋和牛奶，然后再放入面粉、肉桂粉、盐和酵母，混合均匀。
3. 取一个甜点盘，铺上烘焙纸，将面糊在盘子上摊平，放入烤箱，以 180 ℃烤 20 分钟。
4. 从烤箱取出后静置冷却，然后将面饼掰成碎块，保存在密闭、干燥的容器里。

冰淇淋蛋筒

材料

- 1 个鸡蛋
- 100 克细砂糖
- 1 撮香草粉
- 150 克面粉
- 150 毫升新鲜全脂牛奶
- 150 毫升矿泉水
- 100 克黄油

1. 将鸡蛋、细砂糖和香草粉混合均匀，然后加入面粉，一边搅拌，一边慢慢加入牛奶和水，得到混合均匀的面团。
2. 熔化黄油，并将其加入到之前的面团中，快速搅动。
3. 将少量的面团摊在加热过的蛋筒机上（类似华夫饼机）。当面饼烤好并轻微上色后，立刻用木质或塑料圆锥将其卷起，然后静置冷却。

建议

可以加入大约 30 克的可可粉，来制作可可蛋筒。

也可以用此面团制作加伏特（Gavottes）薄脆饼干：将面团整理成扁平圆形，趁热用大刀切开即可。

致谢

感谢德拉玛提尼出版社（Éditions de La Martinière）的团队，感谢新社长，感谢该出版社众多高效率的工作人员！

感谢劳伦·艾琳（Laure Aline），感谢你所有的帮助，你的意见和建议总是颇具学术价值，与你共事正如与家人合作一般，特别要感谢你非同寻常、令人难忘的幽默！

感谢聪明能干的阿加特·马松（Agathe Masson），感谢你认真的工作和你朝八晚九的聆听，周日也毫不例外！ 能在隔离期间与你共事是一件无比愉快又幸运的事情！

感谢劳伦·鲁瓦莱斯（Laurent Rouvrais），你才华横溢、专业能干，与你共事无比轻松；感谢萨拉·瓦西吉（Sarah Vasseghi），感谢你的聆听，感谢你的奇思妙想、你的友善亲和以及你的谦虚低调。

感谢克里斯蒂娜·卡莫（Christine Cameau），感谢你的校对，与你共事轻松愉快！

感谢帕特里夏·罗帕兹（Patricia Ropartz）和茱莉亚（Julia），感谢你们的工作和良好的沟通。

感谢致亨利·夏彭蒂埃（Henri Charpentier）的团队，感谢才华横溢的厨师长有田悟树（Goki Arita）；感谢亨利·夏彭蒂埃糕点店（Henri Charpentier）的大厨小牧孝宏（Komai Takahiro），他创意新颖独到，永远走在世界前列，曾经获得过世界甜点里昂杯大赛[1]的第二名。

感谢我的朋友托（To）、艾瑞克（Éric）和德尼斯（Denis）。

感谢初美（Hatsumi）提供的简单易行的意见和经验；感谢出色的甜点师米哈伊（Mirai）。

感谢姆特兹格甜点店（Mutzig）的各位甜点师，感谢店里的各位女士们愿意倾听。

感谢我的孩子路易（Louis）、玛丽（Marie）、露西（Lucie）。

感谢卡米尔·勒塞克（Camille Lesecq）在食谱构思和制作上所投入的大量时间。

克里斯托弗·菲尔德（Christophe Felder）

1　世界甜点里昂杯大赛（Coupe du Monde de la pâtisserie）是1989年由世界著名的西点大师派拉松（Paillasson）先生发起创办的一项西点赛事，目前已发展成为国际上最负盛名和最具影响力的西点赛事之一，每两年举办一次，地点在法国里昂，这种高规格的世界比赛是世界烘焙和糕点师们心目中非常向往的比赛。